RAPPORT

DES INOCULATIONS

FAITES

DANS LA FAMILLE ROYALE,

AU CHÂTEAU DE MARLI.

Lû à l'Académie Royale des Sciences, le 20 Juillet 1774.

Par M. DE LASSONE.

RAPPORT DES INOCULATIONS
FAITES
DANS LA FAMILLE ROYALE,
AU CHÂTEAU DE MARLI.

L'HEUREUSE Inoculation du Roi, de Monſieur, de Monſeigneur le Comte d'Artois & de Madame la Comteſſe d'Artois, eſt une époque trop mémorable dans l'hiſtoire des faits relatifs aux Sciences utiles, pour ne pas la conſigner dans les regiſtres d'une Compagnie qui a tant de droit & d'intérêt à des détails de cette importance.

Témoin de tout ce qui s'eſt paſſé dans cette inoculation, je vais en faire un rapport exaƈt, au nom & de l'aveu de ceux qui y ont coopéré. Il en réſultera un double avantage; 1.° nous rendrons à des Juges éclairés un compte fidèle de notre conduite, nous le devons & nous le deſirons; 2.° ceux, parmi le Public, que des préjugés, des doutes mal fondés ne préoccuperont pas entièrement, ſeront par-là aſſez inſtruits pour reconnoître la légitimité & le ſuccès d'une inoculation qui doit préſerver, ſelon toute apparence, les Perſonnes auguſtes qui l'ont ſubie, d'une nouvelle atteinte de la maladie dont le nom ſeul nous fait encore frémir.

La Famille royale perſuadée enfin par l'évidence des faits les plus authentiques & les plus multipliés, qu'il n'exiſtoit qu'un moyen de ſe mettre déſormais en ſûreté contre les malheurs qui la menaçoient encore de toute part, prit tout-à-coup, ſeule & ſans impulſion étrangère, le parti courageux de recourir à l'inoculation. Les Médecins conſultés n'eurent point à prononcer ſur les avantages ou les inconvéniens de l'inoculation conſidérée en elle-même : on ne fit pas là-deſſus la moindre queftion; leur miniftère alors n'eut pour objet que d'examiner fi l'état actuel de la fanté du Roi, des deux Princes & de la Princeffe, permettoit d'inoculer fans danger.

Les repréfentations que nous crumes devoir faire fur le choix de la faifon un peu plus favorable, ne furent point écoutées; on voulut fans délai procéder aux préparations néceffaires.

De tout temps les Inoculateurs ont un peu varié fur la manière de préparer les adultes deftinés à être inoculés; les uns ont cru qu'il convenoit d'employer la faignée, la purgation répétée, les bains, les boiffons ou tifanes délayantes & rafraîchiffantes, & de ne permettre pendant un mois ou fix femaines, qu'une très-légère nourriture; en un mot, de diminuer les forces fans pourtant les affoiblir trop. Les épreuves répétées ont fait connoître que ces précautions pouffées fi loin n'étoient pas fans inconvénient.

Les autres penfant que le meilleur état poffible de fanté, relativement à la conftitution & au tempérament propres à chaque individu, étoit la difpofition la plus favorable, ont jugé que, lorfqu'il s'agiffoit d'inoculer des perfonnes qui fe portoient bien, toute préparation devenoit prefque inutile; puifqu'alors en permettant la quantité de nourriture à-peu-près ordinaire, pourvu qu'elle foit modérée, on pouvoit fe borner à prefcrire, feulement pendant quelques jours, les alimens les plus fains.

Cette conduite, fans doute la plus fage & la plus conforme aux loix de la Nature, nous crumes devoir la préférer.

M. Richard (a) fut d'abord choifi par le Roi & par les Princes, pour les inoculer, ainfi que Madame la Comteffe d'Artois; & M. Lieutaud, premier Médecin, appela encore, de l'aveu & avec la permiffion du Roi, M. Jauberthou déjà connu avantageufement dans Paris comme Inoculateur.

La préparation fut commencée le 10 Juin, & continuée jufqu'au 18 du même mois.

_____

(a) Premier Médecin des camps & armées du Roi, Infpecteur général des hôpitaux militaires.

Pendant ce temps, M. Richard fit chercher plusieurs sujets atteints d'une petite vérole naturelle de bonne espèce ; & je me joignis à lui pour aller les examiner. Nous choisimes une petite fille âgée de deux ans, malade à Paris dans la maison paternelle ; elle nous parut réunir tous les avantages que nous desirions ; au terme où sa maladie étoit alors, les boutons varioleux devoient être en pleine suppuration le jour où l'on avoit résolu d'inoculer. Quoique toutes les apparences nous eussent fait juger cet enfant fort sain, nous pensâmes pourtant qu'il étoit essentiel de faire par nous-mêmes des informations exactes sur la conduite, sur la vie & sur les mœurs du père & de la mère, dont le talent unique qui les fait subsister, est de blanchir pour le public le linge à la rivière.

Les témoignages réunis furent tous sans équivoque & sans variation à l'avantage de ces honnêtes gens. Nous voulumes pousser plus loin les précautions. Le Magistrat éclairé qui préside avec tant de soin & de zèle à la police générale de Paris, & qui mérite si justement la confiance publique, fut prié par nous, d'ordonner que l'on fît les mêmes informations. Cela fut exécuté. Les bons témoignages furent confirmés, & M. de Sartine en fit dresser un procès-verbal authentique que l'on nous remit, & que nous conservons.

La première fois que nous visitâmes la petite malade, dont nous avions fait choix pour servir à inoculer la Famille royale, elle étoit renfermée soigneusement sous les rideaux d'un lit, dans une chambre échauffée par un feu, que l'on y entretenoit, pour lessiver beaucoup de linge. Livrés aux anciens préjugés, le père & la mère ne permirent d'abord qu'avec peine de la découvrir pour l'examiner ; & ils furent effrayés, lorsqu'après avoir fait ouvrir la porte & une fenêtre pour rafraîchir l'air de la chambre & le renouveler, nous substituâmes au vin sucré, aux bouillons forts & aux œufs, un régime beaucoup plus doux & moins échauffant, dont nous fimes sentir la nécessité. Le nouveau traitement ayant promptement calmé le mal-aise & l'agitation, & sensiblement amélioré l'état d'angoisse & de souffrance, on l'observa & le suivit avec confiance.

On n'héſita pas même à tenir l'enfant levée une partie du jour; car nous avions annoncé, qu'il ſeroit néceſſaire de la tranſporter de Paris à Marli dans un carroſſe, en aſſurant que ce voyage ne l'expoſeroit à aucun danger.

Le 17 au ſoir, la Famille royale quitta la Muette, & alla s'établir à Marli. Le 18, jour fixé pour l'inoculation, la petite malade, dont les boutons ſe trouvoient alors en pleine ſuppuration, fut conduite de grand matin à Marli, dans un carroſſe, ſur les bras de ſa mère, accompagnée du père & d'un homme de confiance, dont nous étions ſûrs & qui les ſurveilloit *(b)*.

A huit heures du matin, cette enfant, en auſſi bon état que ſa ſituation pouvoit le permettre, étoit avec ſa mère dans le grand ſalon de Marli, où il ſe trouva un aſſez grand nombre de perſonnes de la Cour, qui la virent & l'examinèrent librement. Tous les Médecins réunis, conſtatèrent le caractère de la maladie, & ce fut le moment où l'on procéda à l'inoculation.

Il y a différentes méthodes d'inoculer, c'eſt-à-dire, d'employer & d'inférer la matière variolique, de manière que ſon venin ſoit communiqué à la maſſe du ſang. Celle qui actuellement eſt prouvée inconteſtablement par le concours des faits, la meilleure de toutes en même temps qu'elle eſt la plus ſimple, conſiſte en ce qui ſuit. On prend une bonne lancette ordinaire, on la plonge dans un bouton varioleux en pleine ſuppuration; la lancette ayant ainſi été chargée, on en inſinue très-doucement la pointe ſeulement ſous l'épiderme de la perſonne que l'on veut inoculer. Le plus ſouvent cette piqûre ſe fait ſans ouvrir le plus petit vaiſſeau ſanguin, par conſéquent ſans procurer la moindre douleur. S'il paroiſſoit un peu de ſang, il n'y a pas d'inconvénient. On ne met enſuite ſur la piqûre nulle eſpèce de topique: on l'abandonne à la Nature. C'eſt la méthode d'inoculer, que l'on appelle *Suttonienne,* parce que Sutton, fameux inoculateur Anglois,

_____

(b) Le ſieur Raphaëlis, ancien Chirurgien-aide-major des Armées.

eſt le premier qui l'ait employée avec le plus grand ſuccès, ou plutôt il n'a fait que renouveler l'ancienne d'Aſie en la perfectionnant. Sa ſimplicité & ſes avantages, confirmés depuis pluſieurs années par un nombre prodigieux de faits, l'ont rendue preſque générale en Europe; il eſt à deſirer qu'elle ſoit enfin ſubſtituée à toutes les autres.

Le 18 Juin à huit heures du matin, M. Richard fit lui-même cinq piqûres aux bras du Roi, trois à l'un, deux à l'autre. Immédiatement après, il fit deux piqûres à chaque bras de Madame la comteſſe d'Artois: il en fit une enſuite à chaque bras des deux Princes, & la ſeconde piqûre leur fut faite en même temps par M. Jauberthou. Le Roi eut donc cinq piqûres (Sa Majeſté exigea & ordonna la cinquième); les deux Princes & la Princeſſe en eurent quatre, deux à chaque bras.

Le régime déjà preſcrit fut continué ſans nul changement juſqu'au 22. C'eſt le jour où tous les inoculés furent purgés avec leurs médecines ordinaires, qui évacuèrent bien & ſans fatiguer.

Les piqûres, ce même jour, marquoient déjà le ſuccès de l'inſertion; c'eſt-à-dire qu'il y paroiſſoit un petit gonflement circonſcrit & proéminent, qui annonçoit ſur chaque endroit piqué la formation de vrais boutons varioleux. Ces boutons parcourent les mêmes temps, ont la même progreſſion, les mêmes caractères que ceux de la petite vérole naturelle; & forment ce que l'on appelle la petite vérole locale.

Quand on aperçoit & reconnoît par ces premiers ſignes, que le venin variolique a commencé à imprimer & à communiquer ſon action immédiate, on peut prédire & aſſurer, que l'invaſion aura lieu; c'eſt-à-dire, que bientôt doivent ſe manifeſter les ſymptômes ordinaires qui précèdent l'éruption variolique, ſur différentes parties du corps. Le terme de cette invaſion eſt communément depuis le ſix ou le ſept des piqûres juſqu'au onze. Mais ſoit qu'elle arrive un peu plus tôt, ou un peu plus tard, les obſervations ont appris que l'on n'en peut tirer aucune induction poſitive ſur le plus ou le moins de boutons varioleux qui doivent paroître, ni fur les accidens qui peuvent furvenir.

Le jour même de la purgation, c'eft-à-dire, le quatre depuis les piqûres faites, le Roi reffentit le foir du froid, du mal-aife, mal aux reins, & un peu de douleur aux aiffelles. Le pouls indiqua alors un peu de fièvre. Le 23, les mêmes accidens fubfiftèrent d'une manière un peu plus marquée, & le mal de tête s'y joignit. Le 24, la fièvre étoit fenfiblement augmentée, ainfi que le mal-aife & l'abattement. Le fommeil de la nuit avoit été coupé & interrompu; & ce même jour le Roi eut plufieurs fois des naufées, des foulèvemens d'eftomac; par intervalles, des friffonnemens, & un peu plus de douleur aux aiffelles.

Ces divers fymptômes furent marqués, & fe foutinrent en cet état jufqu'au 25 vers le foir, où nous trouvames la fièvre diminuée, ainfi que le mal-aife univerfel. La nuit fut meilleure, & pendant le fommeil il fe fit une éruption de quelques boutons. La fièvre qui étoit prefque entièrement tombée, ceffa tout-à-fait dans la journée. Les autres accidens difparurent auffi.

La petite vérole locale, pendant les trois premiers jours de l'invafion, caractérifée par les fymptômes qui viennent d'être énoncés, avoit fait beaucoup de progrès. Les boutons des piqûres s'étoient bien élevés, avoient groffi, & il s'étoit formé autour, comme cela arrive ordinairement, une aréole rouge & enflammée. Le 26, qui fut le jour où la petite vérole artificielle commença à fe démontrer par quelques boutons apparens & épars, ceux de la petite vérole locale étoient déjà en pleine fuppuration. C'eft la marche & la progreffion la plus ordinaire; c'eft-à-dire que la petite vérole locale eft déjà bien avancée, & prefque terminée, lorfque celle qui lui fuccède le plus fouvent, & qu'elle produit fur le refte du corps, s'annonce par une nouvelle éruption plus ou moins marquée ou abondante.

Pendant les trois jours que dura cette éruption, il ne parut que très-peu de boutons. Ils furent difperfés fur toutes les parties. Plufieurs groffirent, s'enflammèrent & fuppurèrent bien ; en un mot, ils eurent tous les caractères des vrais boutons varioleux. Quelques-uns avortèrent, & c'eft ce qui arrive toujours dans ces efpèces de petites véroles inoculées, lorfqu'elles font bénignes, comme l'a été celle du Roi.

Les deux Princes n'eurent les mêmes fymptômes, qui marquoient l'invafion, que vingt-quatre heures après le Roi ; c'eft-à-dire le cinq après l'inoculation. D'ailleurs, tout fe paffa de même, & la petite vérole fecondaire fut auffi bénigne.

Les fignes de l'invafion n'eurent lieu, pour Madame la Comteffe d'Artois, que le feptième jour. La petite vérole locale fut encore mieux caractérifée par plufieurs boutons varioleux qui s'élevèrent au voifinage des piqûres fur l'aréole enflammée, & qui fuppurèrent bien. Mais l'éruption de la petite vérole fecondaire ne produifit fur le refte du corps que très-peu de boutons, qui tous avortèrent auffi-tôt que fut établi l'écoulement des règles, qui revinrent alors extraordinairement, & qui continuèrent plufieurs jours.

Aucun des inoculés n'a eu le plus léger mouvement de fièvre, pas le moindre accident, pendant la petite vérole fecondaire.

Nous avions penfé dès le commencement, & avant de rien entreprendre, qu'il feroit bon de conftater que la matière dont nous avions fait choix pour inoculer le Roi, pouvoit réellement communiquer une petite vérole artificielle. Le moyen le plus fûr & le plus direct eût été, fans doute, d'inoculer quelqu'un avec le pus des boutons varioleux du Roi. Ce moyen ne nous fut pas permis ; mais à fon défaut, que nous avions prévu & foupçonné, M. Richard inocula en même temps que le Roi & les Princes, & avec la même matière, plufieurs perfonnes qui étoient venues s'établir exprès dans le bourg de Marli. Toutes ont eu une petite vérole bien caractérifée, quoique bénigne. La matière variolique puifée enfuite dans ces nouveaux boutons par M. Richard

& par le fieur Raphaëlis, pour inoculer dans Marli d'autres perfonnes, communiqua pareillement, & tout auffi bien, une vraie petite vérole; & même, deux de ces derniers inoculés l'eurent fort abondante quoique difcrète *(c)*.

De plus, nous avons appris, & nous pouvons le prouver, qu'à notre infu on fit imprégner à Paris plufieurs brins de coton avec le même pus dont on s'étoit fervi pour inoculer le Roi, apparemment pour examiner par des épreuves di-rectes, fi cette matière étoit réellement variolique. Ces brins de coton ainfi préparés, furent envoyés de Paris à Nanci à un inoculateur, qui en fit ufage dans cette ville pour ino-culer *(d)*. L'expérience eut tout le fuccès poffible. Les boutons varioleux qui furvinrent, furent reconnus & avoués bien légitimes.

Nous fommes donc autorifés par la réunion de ces faits authentiques, à affirmer que le Roi, les deux Princes, & Madame la Comteffe d'Artois, ont reçu par l'inoculation qui leur a été faite, l'impreffion d'un vrai levain variolique, dont l'action d'abord locale, tranfmife enfuite à la maffe du fang, ayant eu lieu de la manière la plus marquée, par tous les fymptômes qui caractérifent cette impreffion, & qui ont été détaillés, a dû par conféquent détruire la difpofition & l'aptitude préexiftante, à éprouver déformais le pouvoir & les effets énergiques d'un pareil levain; quelque légères & bénignes qu'aient été les petites véroles artificielles. C'eft une induction bien fondée, puifqu'elle eft appuyée fur une multitude infinie de faits réunis & rapprochés, qu'il fuffit de rappeler pour répondre victorieufement à toutes les objections qu'une vaine théorie, ou la prévention oppofent, & pour raffurer fur les craintes qui en dérivent.

(c) M. de Parni, Écuyer de main de la Reine.
M. le Marquis d'Aupoul, Écuyer de Monfeigneur le Comte d'Artois.

(d) M. Roquille, Chirurgien-major des Grenadiers de France, inocula à Nanci, avec ce coton imprégné, M.me Jadelot & M.lle Vivaux,

En effet, le vulgaire a bien de la peine à fe perfuader que lorfque par l'effet de l'inoculation il ne fe fait fur le corps qu'une très-petite éruption de quelques boutons varioleux, ou même qu'il ne s'établit que la feule petite vérole locale, alors le retour de la petite vérole naturelle ou fpontanée ne puiffe plus avoir lieu. Il croit que l'on n'a eu réellement cette maladie, & que l'on n'eft bien garanti d'une feconde atteinte, qu'autant que le corps a été couvert de boutons, fur-tout quand ils ont été confluens. Cette opinion trop répandue encore, eft la fource principale des préventions contre l'inoculation en général. Elle a auffi donné lieu aux foupçons & aux craintes que l'on a infinués dans le Public, fur le fuccès & la légitimité des inoculations faites au château de Marli. Mais ces préjugés uniquement produits par la fauffe idée que l'on fe forme de ce qui conftitue effentiellement la petite vérole, difparoiffent devant le principe vraiment fondamental que je vais pofer, & qui devient prefque un axiome établi par le concours feul des faits à l'exclufion de tout raifonnement. Voici ce principe général, reçu par les plus célèbres Inoculateurs.

Toutes les fois qu'après l'infertion faite du pus variolique, on reffent les fymptômes qui prouvent que le levain a porté & déployé fon action fur la maffe du fang, on doit être fûr d'avoir déjà la petite vérole; d'ailleurs il n'importe pas qu'il furvienne enfuite peu ou beaucoup de boutons fur le corps, ou même que la petite vérole artificielle ne foit que locale : les faits, je le répète, atteftent cette vérité, toute extraordinaire qu'elle paroiffe.

Et voici encore un de ces faits récens que je vais rapporter, parce qu'il appartient plus particulièrement à ce qui s'eft paffé à Marli, & qu'il n'en eft que plus intéreffant.

Madame la Ducheffe de Durfort avoit été inoculée il y a plufieurs années, elle avoit éprouvé les principaux fymptômes de l'invafion; mais, à toute rigueur, la petite vérole ne fut alors que locale. Peu raffurée fur la crainte d'un retour de la petite vérole naturelle, & voulant profiter des inoculations qui fe faifoient à Marli, où elle réfidoit avec la Cour, elle pria M. Richard de l'inoculer de nouveau ; après l'avoir interrogée & examinée, ce Médecin affura qu'elle avoit eu réellement la petite vérole artificielle. Madame la Ducheffe de Durfort infifta, & voulut abfolument fe foumettre à une feconde inoculation ; elle fut faite par quatre piqûres *(e)*, mais le venin variolique inféré fut fans effet ; il n'eut aucune action, & ne fit pas même, aux endroits piqués, la moindre impreffion apparente.

Il eft donc vrai que l'invafion, telle que je l'ai décrite, conftitue effentiellement dans la perfonne qui en eft atteinte, l'exiftence réelle de la petite vérole.

Nous conclurons donc avec confiance & fécurité, que le Roi, les deux Princes & la Princeffe inoculés au château de Marli, ont eu réellement la petite vérole.

(e) La matière avoit été prife fur le même enfant qui l'avoit fourni pour l'inoculation du Roi, des Princes & de Madame la Comteffe d'Artois.

A PARIS,

DE L'IMPRIMERIE ROYALE.

M. DCCLXXIV.

www.ingramcontent.com/pod-product-compliance
Lightning Source LLC
Chambersburg PA
CBHW050424210326
41520CB00020B/6744